山东省消防救援总队 编

山山来了

第2季

中国海洋大学出版社
·青岛·

图书在版编目（CIP）数据

山山来了. 第2季 / 山东省消防救援总队编.

青岛 : 中国海洋大学出版社, 2024.11. — ISBN 978-7-5670-4022-9

Ⅰ. TU998.1-49

中国国家版本馆CIP数据核字第20244RB907号

山山来了 第2季
SHANSHAN LAILE DI-ER JI

出 版 人	刘文菁
出版发行	中国海洋大学出版社有限公司
社　　址	青岛市香港东路23号
邮政编码	266071
网　　址	http://pub.ouc.edu.cn
责任编辑	郑雪姣 李燕
电　　话	0532-85901092
电子邮箱	zhengxuejiao@ouc-press.com
印　　制	青岛名扬数码印刷有限责任公司
版　　次	2024年11月第1版
印　　次	2024年11月第1次印刷
成品尺寸	165mm×230mm
印　　张	5.5
字　　数	60千
定　　价	39.00元

发现印装质量问题，请致电13792806519，由印刷厂负责调换。

目 录

119
山东消防

第一集
神秘的汽车自燃事件

室外温度38℃。

119

山山在进行水带操法训练。

加油！
又快了2秒！

太好了，看来最近的训练有效果。

最近也太热了，待会儿要是能来个骨头味的冰激凌就好了！

你吃冰激凌会拉肚子的。

为什么你能吃？

电铃响了，火警灯亮起！

铃铃
铃铃

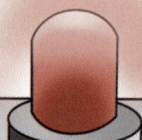
火灾扑救

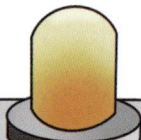
抢险救援

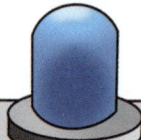
社会救助

这已经是安安小镇这个月的第三起汽车火灾了!

这也太奇怪了,这么频繁地发生汽车火灾,难道是最近天气太热了吗?

不对,这事儿有蹊跷!我们先去现场灭火!

灭完火得好好调查一下起火原因!

着火的车辆冒出滚滚浓烟,周围还有很多围观的群众。

消防员来了!

赶紧救救我妈妈的车吧！

火灾不会是因为我的小星星引起的吧！

应该不会这么巧吧？

二驴，目前没有人员被困，你去疏散群众和周围的车辆，我去灭火！

汪！收到！

二驴现场拉起警戒线。

为了大家的安全，请大家不要靠近火灾现场！

还有，赶紧把周围的车都开走！

不一会儿，火就被扑灭了。

我的小星星还在车里呢！

我刚买的新车！是不是报废了？

米米和米米妈妈，你们先不要着急。

这可是我刚买的新车！新车一般不会自燃的。

中国消防
山东总队

最近安安小镇汽车起火事件频发，非常蹊跷。

会不会有人故意放火呀？你们可一定要找出凶手啊！

封闭火灾现场公告

7

汽车周围被拉上警戒隔离带。

米米妈妈,你要相信我们,一定能查出真相!

车都烧成这样了,怎么可能查出原因?

说完,火火化成一团火消失不见了。

明白!

二驴,你去查看一下周围的监控,看能发现什么线索?

9

都没有！

查到了！根据周围监控显示，初始起火位置是汽车的前座，但是不知道具体原因！

这个月发生的三起汽车起火事件，涉及的都是新车，这就排除了电气线路老化导致的火灾。

难道是连环汽车纵火案？

但是，车辆周围人来人往，凶手是不可能在大庭广众下放火的。

10

还有，查看监控可以证实，火灾发生时也没有可疑人员接近车辆。

难道凶手会隐身吗？

我刚才走访了一下周围的群众，没有发现可疑人员，看来我们还需要进一步详细勘验。

这怎么可能？？？

中国消防

山山拿着火调勘验工具在车里仔细地寻找起来。

这里还有一块。不！还有好多！

山山小心翼翼地将找到的玻璃碎片装到火场物证封装袋里。

火场物证封装袋

这就是你说的小星星？

让我扫描还原一下。

是我的小星星！

又是他！

对呀，这是前两天在公园玩的时候火火送给我们的车载香水，当时他送给了很多小朋友。我这个是水蜜桃味的，放在车里特别好闻。

香水瓶盖上的这个水晶球会将阳光聚焦，形成高温、高热。

就是那里！

我知道车是怎么起火的了！米米，这个车载香水你之前放到哪里了？

那就对了！
车载香水中含有酒精成分，属于易燃易爆物品！在炎热的夏天，高温导致瓶内香水快速挥发，而且汽车里是一个相对密闭的空间，这样就在车内形成一定浓度的可燃混合气体。

这就说得通了，这三起汽车火灾都是发生在室外高温时段。

最重要的是瓶盖上的水晶球，太阳照射水晶球，水晶球聚焦阳光形成高温，引燃了车内的座椅套或纸巾等可燃物，车内的可燃混合气体又起到了助燃的作用，导致火势迅速扩大蔓延！

真的是我的小星星导致的火灾？我都把星星碎片偷偷拿走了，他们应该查不到我吧。

果然是坏火火！

不！不对！其他两辆车里都没有星星车载香水！凭什么说是我！

你怎么知道其他车里没有星星车载香水的？

我……我……反正我就是知道！

是不是你在我们发现之前把它拿走了？你最好老实交代！

坦白从宽，抗拒从严！

我……
我知道错了……
我也没想到会造成这么严重的后果，本来我想偷偷地把星星车载香水拿回来的，可是来不及了，我去的时候已经起火了……

科普时间

夏季气温较高，是汽车自燃的高峰期。如果车内存放易燃易爆物品，一旦受到阳光暴晒或折射，会导致易燃易爆物品温度上升或体积膨胀，容易引发自燃事件，轻则造成经济损失，重则危及生命安全。以下这些物品易引发汽车自燃，切勿长时间放在车内。

打火机

打火机本身就属于**易燃易爆**品，加之市场上出售的打火机质量参差不齐。如果随手将打火机丢在仪表台、车窗处，一旦被阳光强烈照射，打火机**温度升高**，就有可能**爆炸**！

汽车香水

汽车香水中的主要成分是**酒精**，酒精具有**易挥发**和**易燃**的特性。在**高温环境**下，酒精会迅速蒸发，导致瓶内气体压力增加。由于香水瓶的体积固定，气体压力的增加会导致瓶内压强升高，如果香水的挥发孔无法顺畅排出气体，瓶内压强过高时，就会发生**爆炸**。

眼　镜

夏季暴晒后镜片会长时间**聚焦光线**，导致焦点温度过高，轻则加快内饰老化，重则**引起车辆火灾**。老花镜、近视镜、墨镜，最好放进眼镜盒中，置于见不到光的地方。

瓶装水

透明的瓶装水如果恰巧摆放成一定的角度，再经过太阳的照射，就会像放大镜一样，**聚焦阳光**，**形成高温**，**点燃**车内的可燃物品。

碳酸饮料

碳酸饮料里面含有大量的**二氧化碳**，在经过太阳**暴晒**之后，体积膨胀极易发生**爆炸**，其威力比打火机还大。

花露水

为了能够有效止痒杀菌，许多花露水都含有**酒精**，浓度可达70%，有的甚至更高。花露水**燃点较低**，遇到**明火**、**静电**会发生**燃烧**。

充电宝、手机、平板电脑

这些都是电子产品，内部由**锂电池**组成，而锂电池在**高温**下和使用的过程中会**发热**，当温度达到80℃时，就容易**爆炸**。在这里，山山要提醒大家，有些小朋友的玩具也是使用锂电池的。

遇到汽车着火怎么办呢？

●停车、熄火、断电。在行驶过程中一旦遇到汽车冒烟、有明火出现的话，不要惊慌，马上靠路边停车、熄火、断电，防止继续通电燃烧。

●离开车厢，报警求救。驾驶人在停车后应迅速离开汽车到安全的位置，并拨打119寻求帮助。

●观察火势，自行灭火。为减少损失，在保证自身安全的情况下，如果火势较小且可控，可以拿车载灭火器灭火。

第二集
炊烟"袅袅"

在一个阳光明媚的周末，米米和强强决定到郊外野炊，享受大自然的宁静与美好。

妈妈做的草莓牛奶小饼干一定要带上，我最喜欢吃了！

还有格子餐垫、鲜花……拍照一定很出片。

我们要去野炊。

山山、二驴，你们跟我们一起去吧。

我们今天还有任务，你们先去吧。

对了，要注意安全，特别是要严格遵守山林景区的安全规定，以免发生火灾。

好的，我们一定会注意的。

再见！下次我们一起去。

山脚下的广播里提示：禁止携带火种进山，注意消防安全！

咦？这不是米米和强强嘛，你们这是要去哪儿啊？

火火？你怎么在这里？

我们要去野炊。

这么巧？我能跟你们一起吗？

那你不能捣乱！

放心吧！米米，我来帮你拿东西吧。

谢谢！那我们出发吧！

大家来到一个风景优美的小河边。

你们看，这里好美呀！我们就在这里烧烤吧。

好呀。

我们一起准备物品吧。

25

对了，烧烤怎么能没有烤肉呢？

火火又拿出烧烤架。

可是，山山和二驴不是提醒咱们这个景区不能用火吗？这里树木多，天气又干燥，会很危险。

放心吧，你看旁边就有一条小河，没事儿的。你们先等一下，我去捡点儿树枝来，剩下的交给我就行，一会儿品尝我的手艺。

火火在烤肉。

米米和强强在拍照。

火火、强强、米米一起吃草莓小饼干和烤肉。

这里离小河这么近，应该不会有问题吧？我还是休息一下吧。

都收拾好了，我们该回家了。

米米、强强没有仔细检查火火是否完全把火种熄灭，就匆匆离开了。

一只小鸟正在寻找筑巢的树枝，正好捡到了火火他们未完全熄灭的树枝，并衔回了自己的巢中。

叽叽叽，太好了，终于完成了，我有一个属于自己的小窝了。

小鸟刚飞回鸟巢准备舒舒服服地休息一下。

是谁这么缺德！差点让我变成烧烤！

突然一阵风袭来，未熄灭的树枝又冒烟并燃烧起来。

小鸟吓得赶紧飞到空中。

远处的树林里冒出浓烟！

29

米米听到小鸟的叫声，立刻意识到了危险，转头看向树林深处。

此时，山山消防队指挥中心也收到了火灾信号，并发出警报！

此时，指挥中心也收到了米米他们的119报警电话。

消防车快速驶出消防站。

山山的对讲机响起："指挥中心已将火灾具体位置传输给你，请查收！"

消防车在路上快速行驶。

山山和二驴赶往现场，他们使用高压水枪灭火，
经过一番努力，终于将火势控制住。

对不起，都是因为我没有将火种熄灭导致树林被烧毁，小鸟也无家可归了。

火火看着被烧毁的树林和小鸟的巢穴，感到非常内疚。

野外用火一定要小心，你们这次的行为非常危险。幸好及时发现并扑灭了大火，若火势蔓延，后果将不堪设想。

我们以后一定会遵守野外用火的安全规则。

火火、米米和强强帮助小鸟重新做了巢穴。

山山通过登高平台消防车将鸟巢放到了树上。

小鸟围着鸟巢转了两圈，开开心心地住了进去。

米米、强强和火火化身消防志愿者，在小镇宣传野外用火安全知识。

科普时间

露营、野炊
消防安全小知识

最好选择空旷且可燃物少的区域露营。很多山林景区是不允许携带火种进入的。

小朋友们应该严格遵守景区的防火安全规定，以避免出现意外。

在允许野外烧烤的地方，如果要使用明火，一定要在烧烤架上放置接油盘和接火盘。同时，在用火过程中不能离人，以防发生火灾事故。

接油盘　接火盘　勿离人

不要乱扔烟头，以免引燃周边的可燃物。

禁止在帐篷内吸烟，禁止乱扔烟头和火柴梗。

要选择风小的天气野炊，注意下风口不要有易燃易爆等危险物品，以免发生危险。

选择野炊场地时，最好邻近水源，方便取水，可以在发生意外火灾事故时快速处置。

野炊结束后，务必彻底熄灭火种，不留半点火星，并彻底清理生活垃圾，既环保又可以防止遗留火灾隐患。

不要让孩子在烧烤炉附近嬉戏打闹，更不要让孩子玩火，以防孩子点燃可燃物引发火灾。

建议将所有可充电的电子设备放置在离帐篷较远的位置，以尽量避免充电过程中发生意外。

被调换的消防器材

安安小学

学生们在操场上玩耍。

学校的公示栏里贴着安安小学科学大赛的海报，
米米、强强以及部分同学在围观。

米米，你觉得这次
比赛的科学小能手
会是谁呢？

那还用说，
当然是我呀。

我觉得一定是我。

火火穿着白大褂，自称"火博士"，向校长推荐消防器材。

这些灭火器和疏散指示标志是我最新研发的，灭火器什么火都能灭，疏散指示标志也无须插电，遇到火灾会自动亮起，保证安全！

那好的！我可是咱们科学大赛的特约嘉宾！咱们学校将是第一个使用我高科技消防器材的试点学校！

我们正要采购一批消防器材，你投标试试看吧！

学校按招标流程，采购了一批火火的消防器材。

火火用假冒伪劣的消防器材替换掉原来的。

火火化身火焰。

强强、米米和桃桃老师在做实验，为科学大赛做准备。

实验过程中，强强不小心打翻了化学品。

化学品着火了，火势迅速蔓延。

我去拿灭火器，你们注意安全，不要靠近！

桃桃老师拿起假冒伪劣的灭火器。

听说这是火博士最新研发的灭火器，一定很好用。

桃桃老师用干粉灭火器灭火。

灭火器喷出的粉末发生爆炸，火势变得更大。

燃烧吧！这样我就能吸收更多的火焰能量，变得更强大了。

糟糕！灭火器不仅没能灭火，反而让火势更加猛烈。

这个火博士太不靠谱了！

不好！火势越来越大了，我们赶紧通知其他同学疏散。

米米和同学们惊慌失措。

大家快跑！

快跑啊！着火了！

走廊里的烟越来越浓，学生们试图逃离。

大家弯下腰，看看能不能找到疏散指示标志的绿色箭头。

疏散指示标志灯根本不亮！看你们往哪儿跑！

出口在哪里？

根本找不到箭头！

这下你们逃不出我的手掌心了吧！让我变得更强大吧！

快！同学们，我们先退到教室里来。

我是桃桃老师，安安小学着火了！我跟孩子们被困在教学楼二楼二年级3班的教室里，外面有好多烟，你们快来呀！

桃桃老师拨打119报警电话。

消防员马上到，先保护好孩子们，可以用水打湿衣物，堵住门缝防止烟气进来！

好的，我知道了。

电铃响起，火警灯亮起！

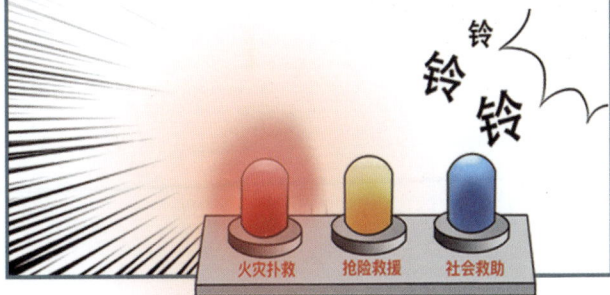

铃 铃 铃

火灾扑救　抢险救援　社会救助

二驴叼着接警单奔向消防车。

消防

防消

接警单

消防车飞快地在路上行驶。

安安小学，我们来了！

同学们，我们赶紧找找水，打湿衣服，堵住门缝，防止烟气进来。

同学们用水杯里的水打湿衣服将门缝堵住。

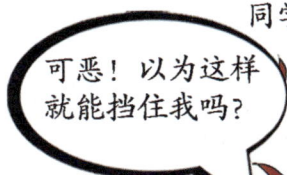

山山和二驴及时赶到。

山山用水枪灭火。

汪汪！

居然来得这么快！难道我又要失败了？

二驴开始引导学生们有序撤离。

幸好山山和二驴及时赶到，扑灭火灾并成功引导学生们撤离。

这也太奇怪了，发生火灾的时候灭火器不仅不能灭火，还让火势变大了。

别让我再找到机会！

火火处于半火焰状态。

不仅如此，在我们逃生的时候，疏散指示标志灯也不亮！

对！对！我们差点儿被困在里面。

可是，火博士说这是他最新研发的。

实验室的墙上用黑色的灰烬写着"火火到此一游"。

开启扫描模式。

54

飘浮在空气中的面粉遇到明火会发生粉尘爆炸。

这个坏火火！别让我们抓到你！

现在最关键的是赶紧把被火火调换过的消防器材换回来！记住，一定要到正规厂家购买！

质检合格

消防应急照明灯具

科普时间

如何辨别真假消防器材？

灭火器

瓶体是否完好无锈蚀

压力是否充足，指针是否在绿色范围

软管是否完好无裂痕

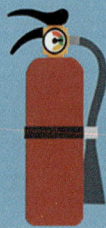

是否有厂家钢印和生产日期

应急照明灯

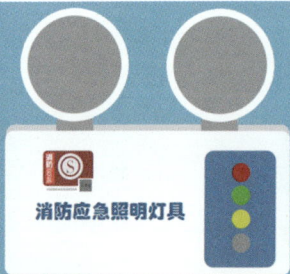

消防应急照明灯具

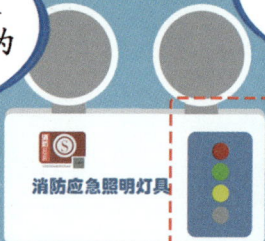

类别

电压

容量

灯内电池标注类别、电压、容量，缺少一个便为不合格。

5S

消防应急照明灯具

主电源切断，未在5秒内转入应急状态，便为不合格。

消防应急照明灯具

充电信号灯、开关按钮，缺少一个便为不合格。

消火栓

 消火栓

转动手轮使阀杆升至顶部，松动、卡顿为不合格，手轮方向标注错误为不合格。

 卡顿 松动 不合格

固定接口是否为KN型，不是KN型为假。

  KN型

消火栓阀杆为黄铜或不锈钢，镀铜为假。

  黄铜 不锈钢

栓体有无锈蚀，有锈蚀为假。

  无锈蚀

您都学会了吗？

山山提醒大家：如果买到了假冒伪劣的消防器材，发生火灾时，不仅起不到应有的效果，还有可能导致严重后果。我们在购买消防器材时一定要擦亮眼睛，认清真假。

第四集
暖冬危机

安安小镇被厚厚的白雪覆盖。

看我找到了什么？是时候铺上电热毯了。

妈妈，我听山山说，电热毯存放时不能折叠，否则会损坏内部的电路，使用的时候很容易引发火灾！

嗯嗯。

这么危险，那妈妈给你买个新的吧。

自己在家要注意安全。

放心吧，妈妈！

嘿嘿，机会来了，我要让整个小镇都知道我火火的存在！

叮咚！叮咚！

谁呀？

送快递的。

咦？妈妈买的电热毯这么快到了？

怎么没有人？

这么好，买电热毯还有赠品。

此为电热毯赠品，电热毯随后发出。

米米打开门，门口放着一个快递箱子，没看见快递员。

哇！竟然是一个电暖器，太好了！我来插上电试试吧。

插上电源

打开开关

OFF
开

此为电热毯赠品，电热毯随后发出。

"好戏"就要开始了！

还是新的电暖器好，热得这么快。

对了，把袜子放在上面烤一烤穿在脚上一定暖呼呼的。

这要是我的臭袜子，这一烤不得臭晕全屋的人啊！

60

叮咚！叮咚！

米米，我是强强！

我们走吧。

差点忘了，我约了强强一起堆雪人。

燃烧吧！让我吸收更多的火焰能量！让我变得更强大！

米米忘记关电暖器的开关就离开了。

米米你真的是神助攻呀！袜子、窗帘、地毯，周围有这么多可燃物，我们就静静地等看"好戏"吧。

温度升高！！！

米米和强强在雪地里堆雪人。

可恶！竟然安装了感烟探测器！

滴滴滴……

米米的手表发出警报！

滴滴滴……

米米家的窗子里冒出滚滚浓烟。

我们快报警吧！

不好，家里着火了！

米米使用电话手表拨通119。

你好，这里是119指挥中心。

我是米米，我家着火了！

你先别着急，有没有被困人员？

家里没有人，我和强强在楼下。

知道是什么着火吗？

不知道。

消防员马上到，你们在楼下
等消防车来，千万不要到火场去。

知道了。

电铃响了，火警灯亮起。

铃
铃
铃

火灾扑救　　抢险救援　　社会救助

进入灭火战斗模式！

火已被扑灭了，这次还好没有人员被困，要不然就危险了！

找到了！是一个电暖器！

我只是出去买个电热毯，家怎么就变成这样了？

我刚才对电暖器进行扫描的时候发现这个功率格外高，不像市面上卖的电暖器呀？

这个电暖器是从哪里买的？

等等，什么电暖器？

消防

66

只有我们自己注意消防安全了，才不会让火火有可乘之机！

我以后一定会注意的！

安安小镇的平安，需要大家一起来守护。

山山和二驴向大家展示正确使用电暖器的方法。

汪！汪！

我还会回来的！

虽然火火的威胁还在，
但安安小镇的居民更加团结了。
他们坚信，
只要大家齐心协力，
就没有克服不了的困难。
无论火火如何挑战，
安安小镇的居民都会用智慧和勇气，
守护他们的家园。

电器着火怎么办？

电器着火时首先要拔掉电源断电，然后用灭火器灭火。如果没有灭火器，也可以将棉被或者浴巾打湿，盖到着火电器上灭火。

如果火势太大无法控制，一定要第一时间拨打119报警电话。不建议未成年人参与灭火哦！

119

小心这些"温暖炸弹"

电暖器

电暖器的功率较大，不使用时应先关闭功率开关，再拔掉电源。不要把电暖器和其他大功率的电器一起使用，否则功率过大容易引起断电或发生其他意外。

电暖器在使用时，机体温度非常高，要远离易燃物 1 米以上。电暖器使用过程中，上面不能覆盖衣物。

在使用电暖器的过程中，如果出现漏油、异响等情况，一定要立即停止使用，找专业人员维修，不要自行拆卸。

电热毯

在使用电热毯的时候，一定要先预热，然后拔掉插头再使用。通电时间不宜过长，上床入睡时应关闭电源。

如果是低压调温电热毯，可在温度合适时调到保温档。电热毯一般不建议长期使用。如果温度过高，会影响睡眠质量。第二天起床后易精神萎靡不振。

此外，长时间使用还有可能导致体内水分过度流失，进而引发皮肤干燥问题。建议有使用电热毯习惯的人多喝水补充水分。

在使用电热毯的时候，一定要选择正规厂家的产品，而且注意严格控制使用时间。

暖手宝

如今市面上的暖手宝多为电极式和电热丝式，购买时应选择后者。电极式充电时内部液体带电，如果绝缘层厚度不够、密封不佳，可能引发漏电。

电热丝式则较为安全，其内部由电热丝构成，电极通过包裹着保护层的发热电阻连接，液体不会通电。

如何分辨？

若能摸到两截小拇指长短的柱状体，那就是电极式暖手宝。在使用暖手宝的过程中，应杜绝边用边充电，防止爆炸。充电时，应尽可能远离被褥等易燃物品，不要将其放在床上。

第五集

纸飞机大赛

强强，你看，如果我们把电动自行车的电池装到我们的纸飞机上，它会不会飞得更高？
嗯，听起来很酷，真要能成功，一定会在纸飞机大赛上表现出色的！但我不知道会不会有危险。
嘿，小家伙们，我来帮你们拆电池吧！
你不会想搞什么破坏吧！

我们可不相信你。

这次你们就相信我吧，我真想帮你们。

该找个什么工具呢？

那好吧，我们就相信你一次。

火火拿出一个小铁片。

有了。

火火使用铁片时不小心碰到了电池的充电口，火花四溅。

啊！我的手指！

好疼呀！

这怎么办呀？

我们还是赶紧送火火去医院吧！

山山和二驴出任务回来，看到火火受伤了。

出什么事了？

火火帮我们拆电池，手不小心被电到了。

中国消防

快上车，我们送你去医院。

这还是我第一次坐消防车。

惹得大家哈哈大笑。

哈

哈

哈

哈

记住，电动自行车的电池使用的是直流电。如果用导电材料去接触充电口，就会发生短路，瞬间产生大电流，并产生高温，对接触物体造成不同程度的电灼伤害。特别是金属物品如钥匙、螺丝刀，一旦误碰到充电口，就非常危险!

我们知道了。

既然这个方法行不通，你们还有什么其他的主意吗?

我再也不敢了。

我有个主意！
我们把这个小烟花固定在纸飞机上，这样它在飞行的时候就能划出一道闪亮的弧线，一定漂亮极了！

会不会有危险？

想想就很美！

点火!

飞翔吧!

不好!
纸飞机被风吹跑了。

突如其来的一阵风,把纸飞机吹往火火家的方向。

怎么办，火火？会不会出什么意外？
放心吧，一个纸飞机而已，能有什么事？如果找不到，我们再做一个就好了。
不好，那边起火了！
那不是我家的方向吗？
我们快去看看吧。
现在非常危险，你不能进去。
纸飞机烧了我的家！！！我最心爱的玩具还在家里呢！

别着急，我们赶紧给山山打电话。

米米用电话手表拨通了119报警电话。

119

我是米米，火火家着火了！

你好，这里是119指挥中心。

你先别着急，有没有被困人员？

79

家里没有人，我们都在外面。

消防员马上到，你们在楼下等消防车来，千万不要靠近火场。

放心吧，我们一定看好火火。

电铃响了，火警灯亮起！

铃铃铃铃

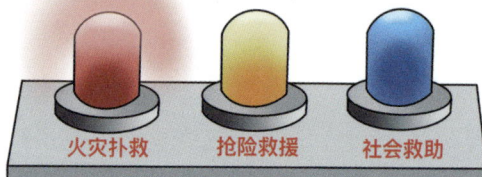

火灾扑救　抢险救援　社会救助

山东消防

对党忠诚　纪律严明
赴汤蹈火　竭诚为民

3、2、1 起飞......

没有电动自行车电池和烟花的纸飞机也能飞得很高，而且很安全！
消防安全，人人有责，无论何时何地，安全总是第一位的。
让我们一起努力，创造一个没有火灾隐患的安安小镇。

触电伤口处理

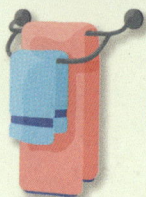

1 若电击伤很轻，皮肤烧伤面积小，损伤浅表，可予伤口降温，如使用干净清洁的凉毛巾冷敷伤口。

2 发生电灼伤，应及时脱掉被烧焦的衣物并进行局部降温，以防进一步热损伤。立即就医，途中应用无菌绷带或纱布覆盖伤处，避免污染。